Yo Soy

Un Tiranosaurio Rex

REBECCA Y JAMES MCDONALD

Yo soy un tiranosaurio rex. Hace millones de años, yo habitaba la Tierra, buscando alimentos. Soy uno de los dinosaurios carnívoros más grandes que han existido.

Pero, solo porque soy muy grande y tengo una boca llena de dientes súper afilados, eso no quiere decir que me sea fácil atrapar mi cena. Algunos dinosaurios son rápidos y logran escaparse.

Otros dinosaurios tienen formas muy inteligentes de escapar, como correr en grupos muy grandes que me confunden o esconderse en el agua.

Aunque soy muy grande, tengo que protegerme de los dinosaurios que son más grandes que yo. Si un dinosaurio más grande intenta comerme, ¡salgo corriendo!

Los huevos que han encontrado son mucho más pequeños que los dinosaurios que los pusieron, por lo que no era fácil para los papás dinosaurios proteger sus huevos y evitar que los aplastaran o se los comieran.

Los científicos creen que algunos huevos de dinosaurios tenían manchas para poder mezclarse con su ambiente y esconderlos más fácilmente. Otros dinosaurios enterraban sus huevos en la arena suave y luego los sacaban cuando los huevos estaban listos para romperse.

Un tiranosaurio rex que ya creció por completo no tiene que preocuparse mucho por ser cazado, pero cuando yo era bebé, había muchos tipos de peligros de los cuales tenía que protegerme.

Mis papás me enseñaron a cazar y a cuidarme, pero ellos no podían cuidarme todo el tiempo. Para poder sobrevivir, tenía que esconderme y alejarme del peligro.

Estaba creciendo muy rápido, y por eso era muy importante que encontrara toda la comida que pudiera sin que los dinosaurios más grandes me atraparan. Por suerte, tengo muy buena vista y una nariz muy sensible.

Algunos científicos creen que tengo piel escamosa como un lagarto o como una serpiente.

¿Cómo crees que era la piel del tiranosaurio rex?

¿Puedes mencionar algunas cosas que los dinosaurios tienen en común con los pájaros?

¿Cómo crees que se veían los nidos de los tiranosaurios rex?

¿Por qué crees que algunos dinosaurios ponían sus huevos en un círculo cuando hacían su nido?

Yo Soy un Tiranosaurio Rex

ISBN: 978-1-950553-08-2
Primera edición de pasta blanda de House of Lore, 2019
Visítanos en www.HouseOfLore.net

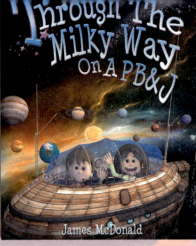

Through The Milky Way On A PB&J
James McDonald

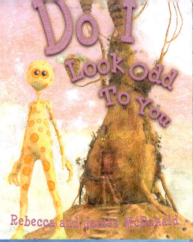

Do I Look Odd To You
Rebecca and James McDonald

ALPHA THE ALPHA-BOT
GUARDIAN OF THE ALFURBETS
REBECCA AND JAMES MCDONALD

BO the Bear BUILDS a Ra
REBECCA AND JAMES MC

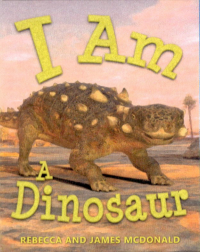

I Am A Dinosaur
REBECCA AND JAMES MCDONALD

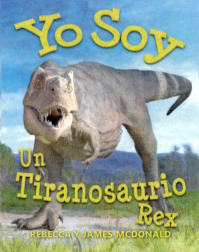

Yo Soy Un Tiranosaurio Rex
REBECCA Y JAMES MCDONALD

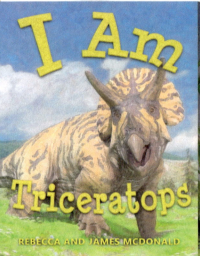

I Am Triceratops
REBECCA AND JAMES MCDONALD

Yo Soy Una Rana
REBECCA Y JAMES MCDON

MIRA TAMBIÉN ESTOS OTROS LIBROS DE HOUSE OF LORE

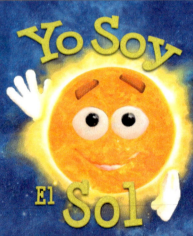

Yo Soy El Sol
REBECCA Y JAMES MCDONALD

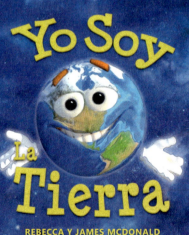

Yo Soy La Tierra
REBECCA Y JAMES MCDONALD

Yo Soy La Luna
REBECCA Y JAMES MCDONALD

I Am Mar
REBECCA AND JAMES MCDON

Rainy Day Poems
James McDonald

The Scribbles
REBECCA AND JAMES MCDONALD

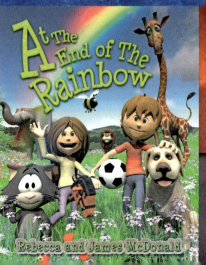

At The End of The Rainbow
Rebecca and James McDonald

Sometim I Fee
Rebecca and James M

Made in the USA
Las Vegas, NV
06 December 2020